KB274881

친절한 아기 수첩

태어나서 24개월까지, 우리 아기를 위한 특별한 성장 다이어리

친절한 아기 수첩

김수연 엮음

위즈덤하우스

"육아에도 우선순위가 있습니다"

아기가 태어나면 부모는 아기를 위해 무엇이든 해주고 싶습니다. 그러나 아기를 사랑하는 마음이 너무 앞서다 보면 어떤 일이 더 먼저인지를 잊게 되기도 하지요. 부모라는 역할이 처음인지라 몸도 제대로 가누지 못하는 아기를 어떻게 돌보아야 할지 막막하기도 합니다. 『친절한 아기 수첩』은 육아를 시작하는 초보 부모가 가장 먼저 관심을 가져야 하는 육아의 기본 정보와 지식을 담았습니다.

부모의 역할 중 가장 먼저 수행되어야 하는 일은 예방접종을 통해 사랑스러운 아기가 생명을 위협하는 질병에 노출되지 않도록 해주는 것입니다. 최근 일부에서 자연주의 육아라는 이름으로 예방접종이 오히려 아기의 건강을 해친다는 주장이 일어나고 있습니다. 이에 안타까운 마음으로 이 책의 작업을 시작하게 되었습니다.

두 번째로 중요한 일은 뇌와 몸이 빠르게 발달하는 생후 24개월까지 매달 아기의 머리둘레, 체중, 신장을 측정해서 기록하는 일입니다. 머리둘레, 체중, 신장이 정상적으로 성장하고 있는지를 확인하고 혹시 성장이 지연되거나 너무 빠른 성장을 보이는 경우 조기에 발견해서 전문의의 진료를 받아야 합니다. 머리둘레가 너무 천천히 크거나 반대로 빨리 크는 경우, 체중 증가율이 서서히 감소하는 경우 등 아기의 매달 성장 기록이 있어야 전문의가 빠른 진단을 내릴 수 있습니다. 부모가 혼자서도 아기의 성장을 확인할 수 있도록 기록란과 함께 대한소아과학회에서 제시한 소아성장도표를 부록에 수록하였습니다.

세 번째로 생후 24개월까지의 뇌와 신체 발달을 위해서는 아기가 무엇을 먹느냐도 매우 중요합니다. 생후 24개월까지 아기의 뇌 발달과 면역력 향상을 위해 가장 기본이 되는 이유식 정보를 넣었습니다. 예방접종, 성장 평가, 먹이기 다음에 중요한 것은 아기의 발달입니다. 목 가누기, 기기, 걷기 등 기본적인 발달에 지연이 없는지 살펴보고 발달을 돕기 위한 내용들까지 함께 담았습니다.

2년 동안 이 아기 수첩을 활용해서 꼼꼼하게 모든 내용을 기록한 후 자녀가 청소년이 되었을 때 선물해주세요. 청소년이 된 아이가 이 수첩을 보는 순간 자신이 얼마나 큰 축복 속에서 태어났고, 얼마나 지극한 부모의 사랑 속에서 성장한 존재인지를 깨닫게 되기를 바랍니다. 혹시 자녀가 자라서 여행이나 유학, 취업 등으로 해외에 나가게 되었을 때 출생 이후 자신의 예방접종 기록을 확인하면서 자신을 키워준 부모의 노력에 감사한 마음을 갖게 되기를 바라봅니다.

작은 생명을 키워내기 위해서는 해야 할 일들이 너무 많습니다. 초보 부모가 많은 육아 정보 속에서 허둥대지 않도록 쉽고 친절하게 육아의 방향을 제시하고 싶었습니다. 아기가 건강한 아이로 쑥쑥 자라는 데 이 수첩이 도움이 되었으면 좋겠습니다.

— 김수연

 차례

프롤로그 육아에도 우선순위가 있습니다 * 004
이렇게 활용하세요! * 008
우리 아기를 소개합니다 * 010

PART 1 **건강한 아기로 키워요**

1. 예방접종, 꼭 맞혀야 할까요? * 014
2. 아기의 예방접종, 편리하게 관리하세요 * 015
3. 예방접종 피해 국가 보상 제도 * 016
4. 해외 방문 시 꼭 확인하세요 * 017
5. 예방접종을 통해 막을 수 있는 질병들 * 018
6. 예방접종 Q&A * 021
7. 예방접종 시 주의 사항 * 026
8. 소아용 표준 예방접종 일정표(2017) * 028

PART 2 **우리 아기는 쑥쑥 자라고 있어요**

1. 우리 아기 나이 계산하기 * 032
2. 우리 아기의 성장(신체 발육) 기록하기 * 033
3. 이달의 우리 아기 * 036

생후 1개월 • 생후 2개월 • 생후 3개월 • 생후 4개월 • 생후 5개월 • 생후 6개월 • 생후 7개월 • 생후 8개월 • 생후 9개월 • 생후 10개월 • 생후 11개월 • 생후 12개월 • 생후 13개월 • 생후 14개월 • 생후 15개월 • 생후 16개월 • 생후 17개월 • 생후 18개월 • 생후 19개월 • 생후 20개월 • 생후 21개월 • 생후 22개월 • 생후 23개월 • 생후 24개월

PART 3 우리 아기와 함께한 날들

1. 육아 만년 달력 * 086
2. 기억하고 싶은 너의 순간 * 134

부록 병원 갈 때 꼭 챙기세요

• 예방접종 방문 예정 일정 * 144
• 우리 아기 예방접종 기록 * 146
• 우리 아기 성장(신체 발육) 기록 * 148
• 생후 0~24개월 표준 성장 도표 * 150

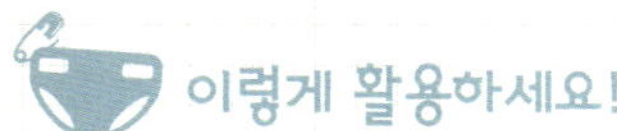

이렇게 활용하세요!

PART1. 건강한 아기로 키워요

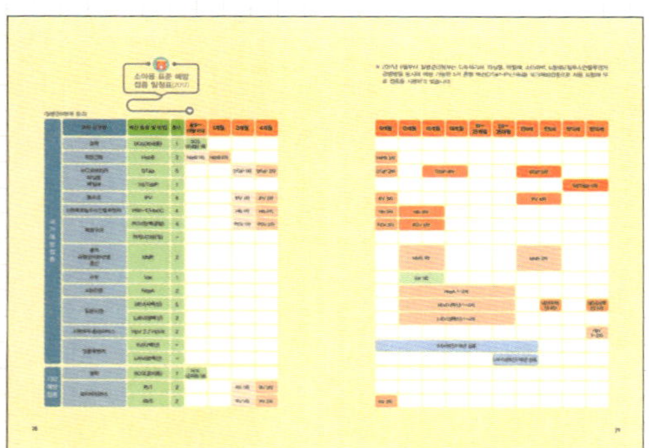

- 예방접종 표준 일정과 함께 부모들이 궁금해하는 예방접종 Q&A, 주의 사항 등 예방 접종에 관한 정보들이 담겨 있습니다.

PART2. 우리 아기는 쑥쑥 자라고 있어요

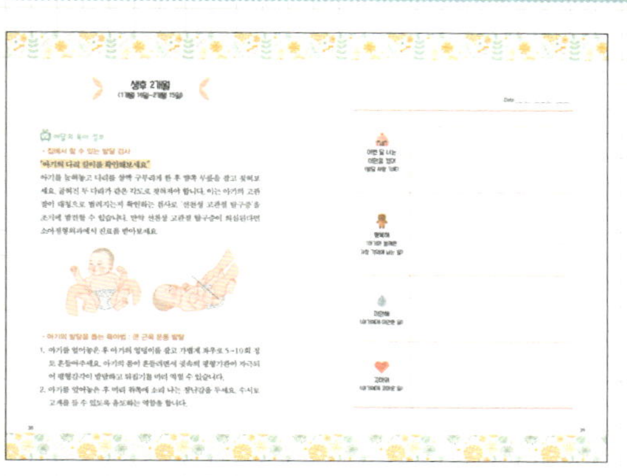

- 0~24개월까지 월령별 아기 발달 특성과 핵심 육아 가이드가 담겨 있어요. 집에서 하는 아기 발달 검사법과 발달 놀이 등 필수 육아 정보를 놓치지 마세요!

- 한 달에 한 번씩 아기와 있었던 일들을 글로 남겨주세요. 아기가 자라 훗날 부모님의 사랑을 확인할 수 있습니다.

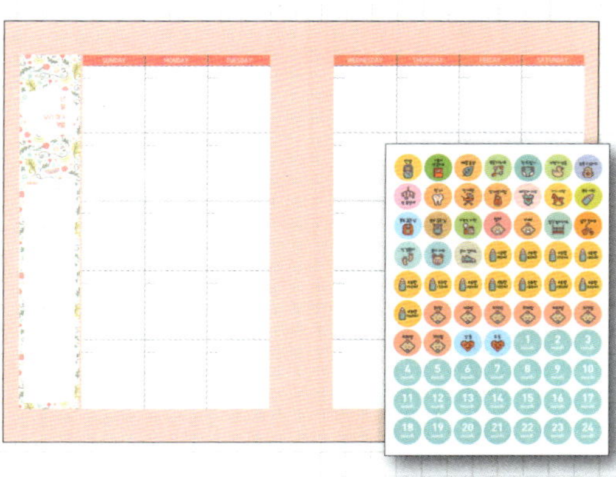

- 날짜를 적고 아기 개월 수도 함께 표시하세요. 이름이 생긴 날, 아빠라고 처음 부른 날 등 우리 아기의 특별한 날을 스티커로 간편하게 기록하세요.

- 병원에 가야 하는 날, 친구들을 만나기로 한 날 등 엄마 아빠의 일정을 적는 다이어리로도 활용하세요.

부록. 병원 갈 때 꼭 챙기세요!

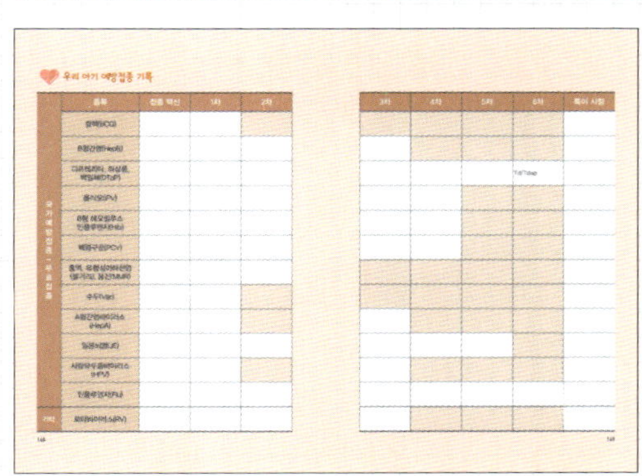

- 예방접종을 위해 병원에 갈 때 이 수첩을 꼭 챙겨 가세요. 예방접종 기록을 남길 뿐만 아니라 앞으로의 접종 일정, 아기의 성장 상태 확인까지 병원에서 활용할 수 있는 페이지를 부록에 모아놓았습니다.

우리 아기를
소개합니다

이름 / 영문 이름	/
아기 성별 / 국적	/
부모 이름	/
출생 장소	
생년월일 / 태어난 시각	/
임신 기간	
분만 형태	
혈액형	
출생 당시	머리둘레 ________ cm / ________ %ile 체중 ________ kg / ________ %ile 신장 ________ cm / ________ %ile
태명	
태몽	
가족과 지인이 아기에게 보내는 축복의 한마디	1. 2. 3. 4. 5.

 PART1은 질병관리본부 예방접종도우미(nip.cdc.go.kr/irgd/index.html)에 안내된 내용을 주제에 맞게 재편집하여 수록하였습니다. 더 자세한 정보는 질병관리본부 예방접종도우미 사이트를 참고하세요.

건 강 한
아기로 키워요

극단적 자연주의 육아를 추구하며 아기에게 예방접종을 하지 않는 부모도 있습니다. 발달 장애 등 예방접종 부작용을 우려하며 아이의 자연적인 면역력만으로 병을 극복하게 한다는 것이지요. 하지만 이는 매우 위험한 생각입니다. 현재 한국에서는 아기가 태어나서 초등학교에 가기 전까지 무료로 놓아주는 예방접종 주사의 종류만 15가지가 넘습니다. "예방접종도우미" 사이트와 휴대폰 앱을 만들어 접종 시기를 수시로 부모들에게 홍보하기도 하구요. 그렇다면 국가에서 왜 예산을 들여 예방접종을 지원할까요? '집단 면역'을 위해서입니다. 아이 한 명이 그 병에 면역력이 생기면, 집단생활 중에 다른 아이들의 발병을 막고 또 아이들이 가정으로 돌아가 전파를 막으면 사회 전체에 면역력이 생기는 것이지요. 예방접종을 기피하는 것은 결국 내 아이의 면역뿐만 아니라 다른 아이들까지 감염의 위험에 노출시키는 행위입니다. 예방접종은 각종 감염병으로부터 아이들을 보호하고 면역력을 키우는 가장 효과적인 방법입니다.

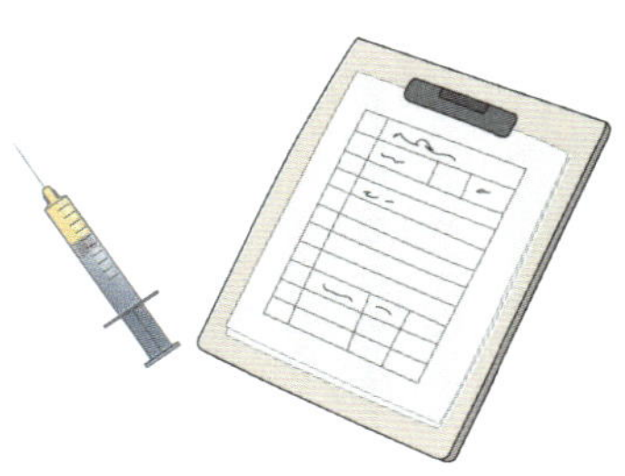

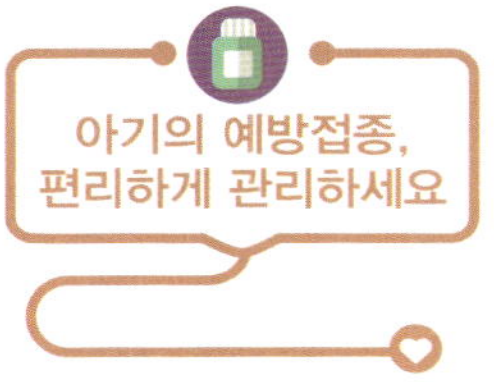

• **예방접종도우미** (nip.cdc.go.kr/irgd)

질병관리본부에서 운영하는 공식 사이트로 아이의 예방접종 기록을 확인할 수 있습니다. 백신번호나 제조사명 등 보다 상세한 정보를 정확하게 알 수 있지요. 아기 정보를 등록하면 아기 기준으로 예방접종 일정을 알 수 있으며 예방접종 증명서도 발급받을 수 있습니다. 홈페이지와 같은 이름으로 모바일 앱도 있는데, 모바일 아기 수첩으로 사용할 수 있어 편리합니다.

예방접종은 전염병을 예방하는 데 가장 효과적이고 안전한 수단으로서 국민 모두가 정해진 일정대로 예방접종을 받을 필요가 있습니다. 그러나 예방접종 백신 또한 다른 의약품처럼 모든 안전 수칙을 지킨다고 하더라도 불가피하게 부작용이 발생하는 경우가 있습니다. 예방접종 후 생길 수 있는 부작용에 대한 국민의 과도한 불안감으로 예방접종을 기피하게 되면 오히려 전염병이 유행하고 전 국민의 건강이 위협받을 수 있으므로 국가에서는 안전을 보장하는 차원에서 예방접종 피해에 대한 사회적인 보호 제도를 마련하고 있습니다. 접종대상자가 예방접종 후 이상 반응으로 인해 본인이 부담한 의료비가 30만 원 이상이며, 이상 반응 발생일로부터 5년 이내이면 피해 보상 신청이 가능합니다. 신청된 사례는 시도 역학조사관이 피해 조사를 한 후 예방접종피해보상 전문의원회의에서 심의를 거쳐 관련성이 인정된 경우 보상됩니다. 관할 보건소에 신고하거나 예방접종도우미 사이트(nip.cdc.go.kr/irgd/index.html)의 '이상 반응 신고하기'를 통해 접수하면 됩니다.

아기와 해외를 방문할 계획이 있다면 먼저 필요한 예방접종이 있는지부터 확인하세요. 방문할 국가에서 주의해야 하는 감염병 정보를 확인하고, 예방접종이 가능하다면 하는 것이 좋습니다. 출국 4~6주 전, 최소 2주 전까지 질병관리본부 해외여행질병정보센터(travelinfo.cdc.go.kr), 질병관리본부 콜센터(1339), 보건소 등에서 상담받은 후 예방접종을 하거나 예방약을 먹으면 됩니다. 예방접종을 할 수 없는 감염병도 있는데 이 경우 주의 사항을 숙지하여 대비해주세요.

황열, 말라리아(예방약), A형간염, 콜레라, 장티푸스, 수막구균성 수막염, 폴리오(소아마비), 파상풍 등의 감염병은 예방접종이 가능합니다. 이러한 감염병은 발생 국가를 방문하기 최소 2주 전에 준비하는 것이 좋습니다. 백신 종류마다 효력 발생 기간이 다르기 때문에 예방접종도우미 사이트(nip.cdc.do.kr)에서 접종 가능한 기관, 접종 일정, 비용 등을 확인하세요.

수인성 감염병인 콜레라, 장티푸스, 세균성 이질, A형간염 등을 예방하려면 물을 반드시 끓여 마시고, 손을 자주 씻어야 합니다. 음료수는 병과 캔에 든 것을 마시며 길거리 음식은 위생 상태가 좋지 않은 경우가 많으니 피하는 것을 권합니다. 동남아시아를 방문할 때에는 장티푸스 예방접종을 하면 좋습니다. A형간염의 경우 6개월 전부터 2회 연속 접종해야 하므로 A형간염 유행 지역을 여행할 때에는 6개월 전부터 준비해야 합니다.

예방접종을 통해 우리 아기의 건강을 지켜주세요. 아래와 같은 질병들을 미리 막을 수 있습니다.

결핵(BCG)

출생 1개월 이내의 모든 신생아가 접종 대상입니다. 결핵은 환자의 재채기, 말하기 등으로 공기를 타고 전염됩니다. 신생아가 감염되면 50퍼센트 이상 사망하는 무서운 질환입니다.

B형간염(HepB)

B형간염은 B형간염 바이러스에 의해 급성 또는 만성으로 간에 염증이 발생하는 질환입니다. 분만 직후 (가능한 24시간 이내) 또는 적어도 분만기관에서 퇴원하기 전에 백신 접종을 시작해야 합니다. 3회 접종이 원칙입니다. B형간염 바이러스에 감염되어 바이러스 보유자가 되면 나중에 간경화나 간암과 같은 심각한 질환으로 진행될 수 있습니다. 세계보건기구(WHO)에서도 신생아 기본 예방접종에 B형간염을 포함시킬 것을 권고하고 있습니다.

디프테리아, 파상풍, 백일해(DTaP)

디프테리아의 가장 흔한 발생 부위는 인후와 편도 부위입니다. 파상풍은 오염된 상처를 통해 전파되며, 발병하게 되면 골격근의 경직과 근육의 수축이 발생하고 사망률이 매우 높은 병원균입니다. 백일해는 소아 감염 질환 중 전염력이 가장 강한 호흡기 감염 질환의 하나로 초기에 기침으로 발생합니다. 신생아가 감염될 시 집중적으로 치료해도 치사율이 4퍼센트에 이르는 위중한 감염 질환입니다.

폴리오(IPV)

폴리오는 소아에게 하지 마비를 일으키는 무서운 질병으로 흔히 소아마비라고 알려져 있습니다.

b형헤모필루스인플루엔자(Hib)

뇌수막염을 예방하는 접종으로 호흡기 비말에 의해 전파(침습 감염)되어 상기도에서 감염이 시작됩니다. 뇌수막염이나 후두염, 폐렴 등 위험한 병을 일으킵니다.

폐렴구균 (PCV)

폐렴구균은 급성 중이염의 가장 흔한 원인균으로 폐렴, 수막염, 균혈증 및 부비동염의 원인이 됩니다.

로타바이러스 (RV)

구토와 미열을 동반하는 가벼운 설사를 여러 차례 하며, 두 돌 이전의 소아에게서 특히 심한 증상을 보입니다.

인플루엔자(Flu)

인플루엔자 바이러스에 의해 호흡기에 감염증이 발생하는 질환입니다. 증상은 갑작스러운 고열, 기침, 콧물, 두통 등이 대표적입니다.

🧰 홍역, 유행성이하선염(볼거리), 풍진(MMR)

홍역은 열, 기침, 콧물 그리고 발진을 유발하며 치료를 받지 않고 방치할 경우에는 발작, 폐렴, 뇌 손상 또는 사망까지 일으킬 수 있습니다. 유행성 이하선염은 두통, 열, 근육통 그리고 분비선의 부어오름으로 인해 난청, 뇌 및 척수 피막의 감염을 일으킵니다. 풍진은 열과 발진을 일으킬 수 있습니다. 이러한 질병은 공기를 통해 전염됩니다.

🧰 수두(Var)

미열로 시작하고, 가려움증이 있는 수포 발진 증세를 보입니다.

🧰 A형간염(HepA)

A형간염 바이러스에 의한 증상은 발열, 구토 및 암갈색 소변이나 식욕 부진 등 다른 바이러스에 의한 급성 간염과 유사한 증상을 보입니다. 화장실 이용 후, 외출 후, 기저귀를 교체할 때마다 손을 씻는 등 개인 위생에 신경을 써야 합니다.

🧰 일본뇌염(JE)

뇌염 바이러스를 가진 모기에게 물리면 감염이 됩니다. 극히 드물지만 급성 신경계 이상 증상을 일으키는 경우가 있습니다. 뇌염의 경우 약 30퍼센트의 사망률을 보이며, 회복이 된다 하더라도 합병증이 생길 확률이 큽니다.

Q 아이가 백신을 맞아야 하는 날짜는 어떻게 계산하나요?

A 예방접종을 하는 나이는 아기가 태어난 날을 기준으로 만으로 계산합니다. 생후 5개월에 접종하라는 말은 태어난 지 5개월이 지난 다음 접종하라는 말입니다. 조산아라도 출산 예정일이 아닌 실제 태어난 날을 기준으로 계산합니다. 계산법이 헷갈린다면 이 책에 설명되어 있는 '우리 아기 나이 계산법(32쪽)'을 참고하거나 전문의에게 문의하세요.

Q 꼭 정확한 날짜에 접종해야 하나요?

A 예방접종을 꼭 정해진 날짜에 해야 하는 것은 아닙니다. 아기가 감기 기운이 있거나 컨디션이 안 좋은 경우 며칠 늦어도 괜찮습니다. 여러 차례 접종해야 하는 경우, 2차나 3차 시기를 놓쳤다고 해서 1차부터 다시 맞는 것은 아니지만 백신마다 접종 시기가 다르니 전문의와 상의하도록 하세요. 너무 일찍 당겨 맞는 경우 항체가 제대로 형성되지 않거나 부작용 위험이 있으므로 이 역시 전문의와의 상담이 필요합니다.

Q 예방접종을 예정된 날짜에 못 했습니다. 지금이라도 접종해야 할까요, 아니면 처음부터 다시 접종해야 할까요?

A 접종이 지연되었다고 하더라도 처음부터 다시 접종할 필요는 없습니

다. 여러 번 접종해야 하는 백신(DTaP, 일본뇌염 등)의 경우 접종 간격이 표준 접종 간격보다 길어져도 최종 면역 효과에는 영향을 미치지 않습니다. 하지만 표준 접종 간격보다 길어지면 해당 질환에 노출될 위험이 증가할 수 있으므로 가급적 표준 일정에 따라 접종 받는 것을 권장합니다.

Q 기타 접종도 꼭 맞아야 하나요?

A 기타 접종은 정부에서 지원하지 않아 상대적으로 가격이 비싼 편이지요. 정부에서 감염병의 위중도를 고려해 필수예방접종을 지정하는데, 기타라고 해서 위험하지 않은 질병은 아닙니다. 그러므로 기타 접종 역시 질병의 위험성, 아이의 건강 상태, 의사의 권유 등을 참고하여 접종을 고려하는 것이 좋습니다.

Q 여러 차례 맞혀야 하는 접종의 경우 서로 다른 백신을 써도 괜찮나요?

A 백신에 따라서 교차 접종이 허용되는 경우와 불가능한 경우가 있습니다. 그러므로 접종을 하는 병의원이나 보건소가 달라졌다면 꼭 그 전 예방접종 기록을 전문의에게 보여주고 상담을 해야 합니다. 이와 같은 이유로 예방접종을 하러 갈 때 백신 제조사와 번호까지 기재된 이전 접종 기록이 있는 아기 수첩을 지참해야 하는 것입니다.

Q 예방접종한 부위가 빨갛게 부어올랐습니다. 어떻게 해야 하나요?

A 주사를 맞고 나면 그 부위에 통증, 경결(단단하게 굳음), 발적(빨갛게 부어오름) 등이 발생할 수 있습니다. 대부분 저절로 회복되며 치료가 필요한 경우는 매우 드뭅니다. 그래도 주의 깊게 지켜보다 증상이 악화되거나 수일 내에 완화되지 않을 경우 의사와 상의하기 바랍니다.

Q 보건소 백신과 병원에서 쓰는 백신, 차이가 있나요?

A 보건소와 병의원에서 사용하는 백신은 차이가 없습니다. 각 백신별로 제조사에 따라 여러 종류의 백신이 생산되고 있습니다. 보건소와 병의원에서 사용하는 백신에 차이가 있는 것은 아니나, 보건소나 병의원에서 모든 종류의 백신을 보유하고 있지는 않습니다. 그러므로 DTap와 같이 동일 제조사 백신으로 기초 접종을 해야 하는 경우에는 다음 접종시 방문할 접종 기관에 이전에 접종한 백신과 동일한 제조사의 백신이 있는지를 확인한 후 방문해야 합니다.

Q 병원에서 접종하는 BCG 백신(경피용)과 보건소에서 접종하는 BCG 백신(피내용), 어떤 차이가 있나요?

A 보건소에서 무료로 맞을 수 있는 BCG 백신(피내용)은 소위 우리가 어렸을 때 맞았던 '불주사'로 생각하면 됩니다. 어깨에 동그랗게 나 있는 주사 자국이 BCG 백신(피내용)을 맞은 흔적이죠. 간혹 엄마들이 병원에서 유료로 맞는 BCG 백신(경피용)을 비싸니까 좀더 좋은 것 아니냐고 착각하기도 합니다. 기타 예방접종에 속하는 BCG 백신(경피용)은 대부분의 병의원에서는 접종이 용이하다는 이유로 사용하고 있으며, 상대적으로 흉터가 적게 남는다는 이점으로 선호하기도 합니다. 하지만 이 방법은 접종량을 제어할 수 없고 시술자에 따라 결과에 많은 차이를 보입니다. 보건소와 일부 병의원에서 사용하고 있는 BCG 백신(피내용)은 정확한 양을 접종할 수 있어 WHO에서도 권장하고 있으며, 우리나라에서도 표준 접종 방법으로 사용하고 있습니다.

Q 해외에서 살다 귀국하는데 현지에서 예방접종 증명서를 받아 가야 할까요?

A 국내에서 초등학교 입학 또는 어린이집 입소 시 관련법에 따라 예방 접종 완료 여부를 확인하도록 규정되어 있습니다. 그러므로 해외에서 장기 체류 후 귀국할 때 현지에서 접종받은 자녀의 영문 예방접종 증명서를 발급받아 오시기 바랍니다. 외국에서 접종한 예방접종 증명서는 접종한 기관의 직인 또는 의사의 확인이 있는 증명서로 접종하신 기관에서 피접종자가 직접 확인·발급받아야 합니다.

Q 로타바이러스 백신을 경구 투여(주사를 맞지 않고 백신을 먹는 방법)한 후, 아기가 토했습니다. 백신을 다시 투여해야 할까요?

A 아기가 백신을 뱉거나 구토한 경우 재투여하지 않아도 괜찮습니다. 단, 경구 투여하는 경우 아기가 배부른 상태에서는 안 먹거나 토할 수 있으므로 접종 2시간 전에 수유를 하는 것이 좋습니다.

Q 소아폐렴구균 예방접종 시기가 지연된 경우에는 어떻게 하나요?

A 소아폐렴구균 백신 접종이 지연된 경우 권장되는 총 접종 횟수는 첫 번째 접종 시작 연령에 따라 달라집니다. 또한 접종을 시작하였으나 중지 후 재시작하는 경우에도 연령에 따라 총 접종 횟수가 달라지므로 향후 접종 일정에 대해 의사와 상담하시기 바랍니다.

Q 우리 아이가 MMR 접종을 하지 않았는데 홍역에 걸린 아이와 놀았습니다. 어떻게 해야 하나요?

A 6개월에서 12개월 미만의 영아에게는 접촉한 지 5일 이내에 가능한 한 빨리 면역글로불린을 접종하고 12개월 이상일 경우 72시간 이내에 백신만 접종합니다.

Q 수두와 MMR을 동시 접종하지 못한 경우 4주 간격을 두고 접종해야 한다고 합니다. 두 가지 백신을 동시 접종하는 것이 좋은지, 각각 접종하는 것이 좋은지 알고 싶습니다.

A 일반적으로 서로 다른 백신을 동시에 접종하여도 항체 생성률이 떨어지거나 이상 반응이 증가하지는 않으며, 서로 다른 백신의 동시 접종은 소아 예방접종 정책에서 예방접종률의 향상에 기여하는 중요한 방법입니다. 특히 이는 아이가 다음번 접종을 위해 의료 기관을 재방문할 것이 확실하지 않을 때, 여러 종류의 전염병에 곧 노출될 위험이 있을 때, 곧 해외여행을 갈 예정일 때 더욱 필요합니다.

STEP 1. 예방접종 전

1. 접종 전날 목욕시키기

예방접종 당일은 목욕을 시키지 않는 것이 좋습니다. 주사를 맞은 아이는 쉽게 피로를 느끼기 때문에 아기를 힘들게 하지 않기 위해서 접종 당일 목욕은 피하는 것이 좋습니다.

2. 아이의 컨디션 확인

접종 전날 밤과 접종 당일 아침 아이의 체온을 재고, 식욕과 기분 등 아이의 컨디션을 체크해야 합니다. 접종 당일 아이의 체온이 37도보다 높다면 접종 전 의사와의 상담이 필요합니다.

3. 예방접종은 오전에

오전에 해야 혹시 부작용이 생겨도 오후에 다시 병원에 갈 수 있습니다.

4. 아기 수첩 준비

아기의 예방접종 현황이 적혀 있는 아기 수첩을 준비하세요. 매 접종마다 수첩에 접종 날짜와 백신 종류, 접종 부위 등을 꼼꼼하게 기록해두어야 합니다. 또한 접종 기록이 있는 아기 수첩은 아이가 어른이 될 때까지 보관하세요.

STEP 2. 예방접종 후

1. 접종 부위는 지그시 누르기

주사를 맞힌 후 접종 부위를 지그시 눌러주세요. 약이 골고루 퍼져 국소 반응이 줄어듭니다. 그대로 두면 접종 부위에 멍울이 생길 수도 있습니다. 단, BCG를 맞았거나 채혈한 부위는 만지지 마세요.

2. 접종 후 30분간 접종 기관에서 아이 지켜보기

접종 후 30여 분 동안은 그 자리에서 아기의 몸 상태를 지켜보아야 합니다. 문제가 있을 경우 바로 의사에게 연락합니다.

3. 귀가 후에도 아이 컨디션 체크하기

집으로 돌아온 후에도 3시간 정도 아기의 상태를 관찰하세요. 주사 부위가 붓거나 빨개질 수 있는데 흔한 증상입니다. 얼음팩으로 찜질을 해주면서 하루 정도 지켜보세요. 단, 시간이 지나도 주사 부위가 가라앉지 않고 염증 반응을 보이거나 갑자기 고열이 나거나 경련을 일으키면 전문의의 진찰을 받아야 합니다. 특히 다른 의사에게 진료를 받게 된 경우에는 언제, 어디서, 어떤 접종을 받았는지 자세히 알려주세요. 또한 39도 이상의 고열이 있거나 DTap를 접종하고 하루 이상 열이 난다면 한밤중이라도 병원에 가야 합니다.

4. 격렬한 놀이는 자제할 것

접종 당일과 다음 날은 아기가 과격한 운동을 하지 않는 것이 좋습니다.

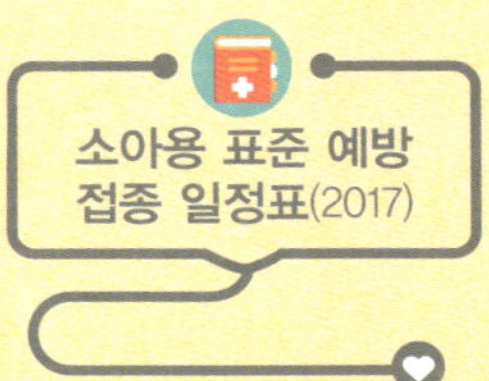

(질병관리본부 참고)

	대상 감염병	백신 종류 및 방법	횟수	출생~1개월 이내	1개월	2개월	4개월
국가예방접종	결핵	BCG(피내용)	1	BCG(피내용) 1회			
	B형간염	HepB	3	HepB 1차	HepB 2차		
	※디프테리아 파상풍 백일해	DTap	5			DTaP 1차	DTaP 2차
		Td/Tdap	1				
	폴리오	IPV	4			IPV 1차	IPV 2차
	b형헤모필루스인플루엔자	PRP-T/HbOC	4			Hib 1차	Hib 2차
	폐렴구균	PCV(단백결합)	4			PCV 1차	PCV 2차
		PPSV(다당질)	–				
	홍역 유행성이하선염 풍진	MMR	2				
	수두	Var	1				
	A형간염	HepA	2				
	일본뇌염	IJEV(사백신)	5				
		LJEV(생백신)	2				
	사람유두종바이러스	HpV2 / HpV4	2				
	인플루엔자	IIV(사백신)	–				
		LAIV(생백신)	–				
기타예방접종	결핵	BCG(경피용)	1	BCG(경피용) 1회			
	로타바이러스	RV1	2			RV 1차	RV 2차
		RV5	3			RV 1차	RV 2차

※ 2017년 6월부터 질병관리본부는 디프테리아, 파상풍, 백일해, 소아마비, b형헤모필루스인플루엔자 감염병을 동시에 예방 가능한 5가 혼합 백신(DTaP–IPV/Hib)을 국가예방접종으로 처음 도입해 무료 접종을 시행하고 있습니다.

6개월	12개월	15개월	18개월	19~23개월	24~35개월	만4세	만6세	만11세	만12세
HepB 3차									
DTaP 3차		DTaP 4차				DTaP 5차			
								Td/Tdap 6차	
IPV 3차						IPV 4차			
Hib 3차	Hib 4차								
PCV 3차	PCV 4차								
						고위험군에 한하여 접종			
	MMR 1차					MMR 2차			
	Var 1회								
	HepA 1~2차								
	IJEV(사백신) 1~3차						IJEV(사백신) 4차		IJEV(사백신) 5차
	LJEV(생백신) 1~2차								
									HpV 1~2차
IIV(사백신) 매년 접종									
					LAIV(생백신) 매년 접종				
RV 3차									

우리 아기는 쑥쑥
자라고 있어요

'생후 4개월'이라고 하면 생후 4개월에 접어든 때를 말하는 것인지, 생후 4개월을 꽉 채운 때를 말하는 것인지 혼란스럽습니다. 아기의 발달을 평가하기 위해 아래의 예시대로 아기 나이를 계산해보세요. 아기의 나이를 '생후 ~일'이라고 말하기보다 '~개월 ~일'이라고 이야기하는 것이 소아전문가도 이해하기 쉽습니다.

"아기 나이 계산법"
(한 달은 30일로 계산하세요!)

이 계산법으로 계산된 아기의 생리적인 나이는 아래의 기준으로 평가합니다.

> 3개월 = 2개월 16일 ～ 3개월 15일
> 5개월 = 4개월 16일 ～ 5개월 15일
> 15개월 = 14개월 16일 ～ 15개월 15일
> 24개월 = 23개월 16일 ～ 24개월 15일

아기 출생 직후부터 한 달에 한 번은 머리둘레, 체중, 신장을 측정하여 기록하는 것이 좋습니다. 성장 지연을 조기에 발견할 수 있기 때문입니다. 성장의 정상 범위는 3%ile(3번째)~97%ile(97번째)입니다. 퍼센타일(%ile)은 나이와 성별이 같은 다른 아기들과 비교하여 아기의 성장을 평가할 때 사용하는 기준입니다.

 측정 방법

머리둘레

- 아기의 이마에 줄자를 대고 360도 돌려 측정합니다. 오류를 예방하기 위해 매번 2번씩 측정하여 기록합니다.
- 아기의 머리가 비대칭인 경우에도 마찬가지로 줄자를 360도 돌려 측정하되, 가장 튀어나온 부위를 한 번 더 측정합니다.

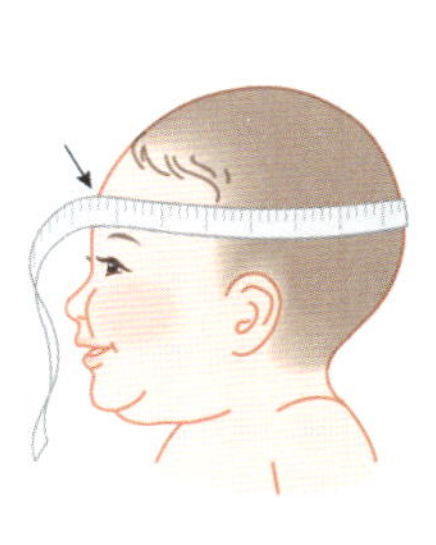

체중

- 정확한 측정을 위해 아기의 옷을 모두 벗긴 후 측정합니다.
- 아기를 체중계에 앉히거나 눕히고 아기의 얼굴 앞에서 인형을 흔들어 보여주거나 딸랑이를 흔들어 주면 아기를 울리지 않고 쉽게 체중을 측정할 수 있습니다. 또는 아기를 안고 함께 체중을 잰 뒤 아기를 내려놓고 엄마나 아빠의 체중을 다시 잽니다. 함께 잰 무게에서 측정자의 체중을 빼면 아기 체중을 알 수 있습니다.

신장

- 아기를 눕혀서 신장을 측정합니다. 아기의 발바닥을 벽에 대고 누인 다음 줄자로 재보세요. 아기의 양 무릎을 눌러서 아기 발뒤꿈치까지의 길이를 측정해주세요.
- 수동 신장계를 활용하면 아기의 신장을 보다 정확하게 측정할 수 있습니다.
- 아기를 수동 신장계에 눕히고 양다리를 가지런하게 한 후, 아기의 양

무릎을 눌러서 아기 발뒤꿈치까지의 길이를 측정해주세요. 이때 아기가 발에 힘을 주지 않도록 주의하세요.

아기 성장(신체 발육) **평가 시 참고하세요**

1. 머리둘레, 체중, 신장을 기록할 때는 부록의 소아표준성장도표로 100명 중에 몇 번째(%ile)인지를 확인해서 같이 기록해주세요.

2. 생후 12개월까지는 꼭 한 달에 한 번 머리둘레와 체중을 측정해서 몇 번째(%ile)인지를 함께 기록해주세요.

3. 모유 수유를 하는 경우에는 아기가 얼마나 먹었는지 모르므로 아기의 체중이 잘 늘지 않는다고 생각되면 2주에 한 번씩 체증을 측정해서 몇 번째(%ile)인지를 함께 기록해주세요. 모유 수유를 하는 경우 분유를 먹일 때보다 체중 증가율이 서서히 감소하기 쉽습니다.

4. 체중이 지속적으로 10번째이고 신장이 지속적으로 10번째라면 체중 미달이 아니라 체구가 작은 아이로 평가합니다. 평균(50번째)보다 작다고 걱정하지 마세요. 마찬가지로 체중이 90번째여도 신장이 90번째에 가깝다면 과체중이 아니고 체구가 큰 아기입니다.

5. 체중이 50번째 미만이어도 지속적으로 10번째, 25번쩌를 유지하며 활발하게 잘 논다면 체중 미달이 아닙니다. 또래에 비해 체중이 적게 나가 걱정이 된다면 철분 결핍성 빈혈 검사를 받아보세요.

6. 체중이 50번째 이상이어도 생후 9개월이나 12개월에는 꼭 철분 결핍성 빈혈 검사를 받기를 권합니다. 아기가 통통하게 살이 올랐다고 해도 아기가 즐겨 먹어온 이유식에 철분이 부족할 수도 있기 때문입니다.

7. 머리둘레가 25번째이다가 갑자기 50번째, 75번째, 90번째로 증가하거나, 반대로 10번째, 3번째로 증가율이 감소한다면 전문의의 진료가 필요합니다. (머리둘레 증가율에 급작스러운 증가나 감소가 있는 경우)

생후 1개월
(출생~1개월 15일)

이달의 육아 정보

• 아기의 발달을 돕는 육아법 : 큰 근육 운동 발달

1. 캐리어를 이용해보세요

아기는 엄마 뱃속에 있을 때처럼 자세가 유지되면 편안함을 느낍니다. 엄마 뱃속에서처럼 등이 둥글게 구부러질 수 있도록 깊게 파인 캐리어를 이용해보세요. 카시트나 아기를 안고 다니는 바구니로 활용 가능하여 추천할 만한 육아용품입니다. 생후 1~2개월에는 캐리어에 눕혀서 낮잠을 재우는 것도 괜찮습니다.

2. 깨어 있는 시간에는 엎어놓으세요

아기가 깨어 있을 때는 잠깐씩 엎어놓는 것이 좋습니다. 갓 태어난 아기도 평평한 바닥에 엎어놓는 경우 고개를 스스로 돌릴 수 있습니다. 푹신한 이불이 아니라 평평한 바닥에 잠깐씩 엎어놓으면 숨이 막히는 일은 일어나지 않습니다.

• 우리 아기 맘마

처음 해보는 모유 수유가 많이 어색하실 겁니다. 우선 엄마의 자세가 편해야 해요. 엄마의 등과 엉덩이가 일직선이 되게 한 다음 벽이나 소파에 기대어 앉으세요.

Date _________ . _______ . ______

이번 달 너는
이만큼 컸어
(발달 사항 기록)

행복해
(아기와 함께한
가장 기억에 남는 일)

미안해
(아기에게 미안한 일)

고마워
(아기에게 고마운 일)

생후 2개월
(1개월 16일~2개월 15일)

 이달의 육아 정보

• 집에서 할 수 있는 발달 검사

"아기의 다리 길이를 확인해보세요"

아기를 눕혀놓고 다리를 살짝 구부리게 한 후 양쪽 무릎을 잡고 젖혀보세요. 굽혀진 두 다리가 같은 각도로 젖혀져야 합니다. 이는 아기의 고관절이 대칭으로 벌려지는지 확인하는 검사로 '선천성 고관절 탈구증'을 조기에 발견할 수 있습니다. 만약 선천성 고관절 탈구증이 의심된다면 소아정형외과에서 진료를 받아보세요.

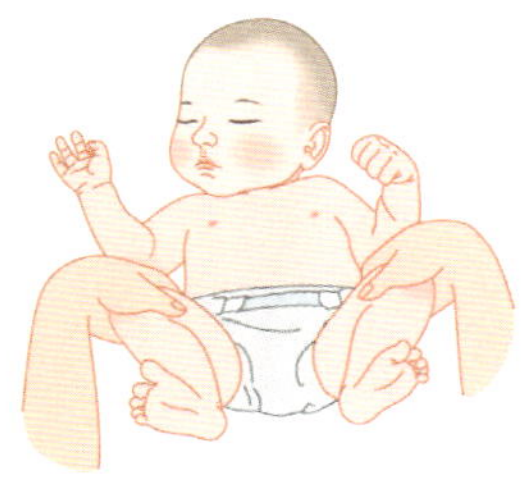 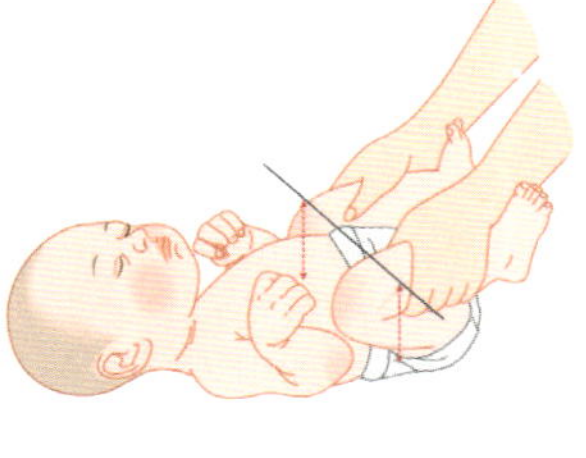

• 아기의 발달을 돕는 육아법 : 큰 근육 운동 발달

1. 아기를 옆어놓은 후 아기의 엉덩이를 잡고 가볍게 좌우로 5~10회 정도 흔들어주세요. 아기의 몸이 흔들리면서 귓속의 평형기관이 자극되어 평형감각이 발달하고 뒤집기를 미리 익힐 수 있습니다.
2. 아기를 옆어놓은 후 머리 위쪽에 소리 나는 장난감을 두세요. 수시로 고개를 들 수 있도록 유도하는 역할을 합니다.

Date ___________ . ________ . _______

이번 달 너는
이만큼 컸어
(발달 사항 기록)

행복해
(아기와 함께한
가장 기억에 남는 일)

미안해
(아기에게 미안한 일)

고마워
(아기에게 고마운 일)

이달의 육아 정보

• 집에서 할 수 있는 발달 검사

"대근육 운동 발달 상태를 확인해보세요"

아기 스스로 양팔을 가운데로 모으기 시작하는 시기입니다. 등으로 눕혀놓은 상태에서 아기가 자신의 손을 모으고 쳐다볼 수 있는지를 살펴보세요. 생후 3개월경에는 눕혀놓았을 때 자신의 고개를 가운데 둔 채로 양손을 모으고 쳐다볼 수 있어야 합니다.

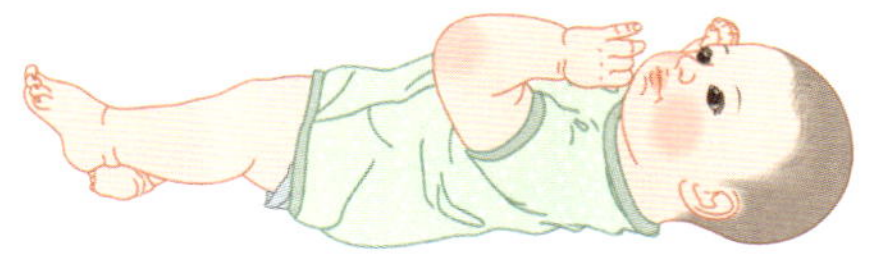

• 우리 아기 맘마

모유를 유축하지 않고 직접 먹이는 경우 아기가 얼마나 먹었는지 그 양을 알기 힘듭니다. 그러므로 2주에 한 번씩 체중을 측정해보세요. 체중 증가 속도가 떨어진다면 분유로 보충해주어야 합니다. 분유를 먹이는 경우 아기가 평소 먹는 양을 체크할 수 있으므로 한 달에 한 번 정도 체중을 측정하여 체중 증가 속도를 확인해주세요. 또한 먹다 남긴 분유 속에는 아기 입속에 있던 세균이 증식할 수 있으므로 꼭 버리세요.

이번 달 너는
이만큼 컸어
(발달 사항 기록)

행복해
(아기와 함께한
가장 기억에 남는 일)

미안해
(아기에게 미안한 일)

고마워
(아기에게 고마운 일)

생후 4개월
(3개월 16일~4개월 15일)

 이달의 육아 정보

• **아기의 발달을 돕는 육아법 : 딸랑이로 할 수 있는 근육 발달 놀이**

1. 아기 몸에서 20센티미터 떨어진 곳에 딸랑이를 두어 아기가 손을 뻗어 잡을 수 있도록 해보세요.
2. 아기 손에 소리 나는 딸랑이를 쥐어주세요. 우연히 팔을 흔들었을 때 딸랑이에서 소리가 나는 것을 들은 아기는 이제 의도적으로 팔을 흔들어 딸랑이로 소리를 냅니다.

• **우리 아기 맘마**

모유 양이 너무 많거나 직장에 나가야 하는 엄마는 모유를 미리 짜두기도 하지요. 미리 짜놓은 모유는 25도 상온에서 4시간가량 보관할 수 있지만 가능하면 냉장실에 넣어 보관하세요. 오래 보관해야 하는 경우라면 냉동실에 두는 것이 안전합니다.

Date ___________ . ________ . _______

이번 달 너는
이만큼 컸어
(발달 사항 기록)

행복해
(아기와 함께한
가장 기억에 남는 일)

미안해
(아기에게 미안한 일)

고마워
(아기에게 고마운 일)

생후 5개월
(4개월 16일~5개월 15일)

  이달의 육아 정보

• 아기의 발달을 돕는 육아법

사람의 얼굴에 관심을 많이 보이는 시기입니다. 거울로 자기 얼굴을 보게 하거나 동물들의 얼굴을 그림책이나 장난감으로 보여주세요. 아기의 두뇌 발달을 위한 가장 좋은 자극은 부모 이외에도 다양한 사람의 얼굴을 보여주거나 목소리를 들려주는 것입니다.

• 우리 아기 맘마

생후 4~6개월 사이 아기에게 죽 같은 묽은 음식을 먹여볼 수 있습니다. 처음에는 쌀 미음으로 시작하는 것이 무난합니다. 만약 입 주변 근육 발달이 더딘 아이라면 수저로 이유식을 주었을 때 잘 받아먹지 못할 수도 있습니다. 입술이나 혀의 움직임, 음식을 식도로 넘기는 움직임이 둔하기 때문입니다. 이럴 경우 시기를 늦춰 생후 6개월에 이유식을 시작하셔도 좋습니다.

• 초보 아빠를 위한 육아 Tip
"럭비공 끼듯 아기 안기"

아기의 머리가 바닥을 향하게 옆으로 안고 돌아다녀보세요. 아기 머리 방향이 바뀐 채 아빠가 걸어 다니면 귓속의 균형감각기관이 자극을 받아 균형 감각 발달에 도움이 됩니다.

Date __________ . __________ . __________

**이번 달 너는
이만큼 컸어**
(발달 사항 기록)

행복해
(아기와 함께한
가장 기억에 남는 일)

미안해
(아기에게 미안한 일)

고마워
(아기에게 고마운 일)

생후 6개월
(5개월 16일~6개월 15일)

 이달의 육아 정보

• 아기의 발달을 돕는 육아법

아기를 카시트에 앉힌 후 양손으로 새로운 장난
감을 이리저리 만져볼 수 있도록 해주세요. 양
손의 감각과 움직임이 활발하게 발달하는 시기
이므로 양손으로 여러 자극을 느끼고 조작해볼
수 있는 기회를 제공하는 것이 중요합니다.

• 우리 아기 맘마

생후 6~9개월에는 태어날 때 엄마에게 받아놓았던 철분이 줄어들게 됩
니다. 아기가 쌀죽을 잘 먹는다면 소고기 미음이나 죽으로 철분을 추가
로 공급해주세요. 철분은 아기의 뇌 발달을 위해 꼭 필요합니다.

• 초보 아빠를 위한 육아 Tip

아기의 뇌는 사람의 움직임을 관찰하고 상호작용을 나누며 활성화됩니
다. 아기와 산책을 자주 나가 사람들과 인사할 수 있도록 도와주세요. 그
러나 아기가 스스로 낯선 사람에게 다가가기 전에 타인이 아기의 몸에
손을 대지 않도록 주의하세요. 아기가 심리적으로 거부 반응을 일으킬
수 있습니다. 아기 스스로 낯선 사람에 대한 신뢰가 생길 때까지 기다려
주어야 합니다. 낯선 사람을 거부하지 않고 웃거나 손을 내미는 등 친밀
감을 보인다면 스킨십을 허용해주어도 좋습니다.

이번 달 너는
이만큼 컸어
(발달 사항 기록)

행복해
(아기와 함께한
가장 기억에 남는 일)

미안해
(아기에게 미안한 일)

고마워
(아기에게 고마운 일)

생후 7개월
(6개월 16일~7개월 15일)

📺 이달의 육아 정보

• 집에서 할 수 있는 발달 검사 : 청각 반응 검사(생후 7개월 15일 기준)

엄마가 아기를 데리고 앉으세요. 아빠가 아기의 귀에서 20센티미터 떨어진 곳에서 종이를 부스럭거려 보세요. 왼쪽, 오른쪽에서 모두 소리를 낸 뒤 아이가 소리 나는 쪽으로 고개를 돌리는지 확인하세요.

• 아기의 발달을 돕는 육아법

혼자 길 수 있도록 도와주어야 하는 시기입니다. 아기가 깨어 있을 때는 엎어놓고, 머리 앞 20센티미터 정도 되는 거리에 아기가 좋아하는 장난감을 놓아 아기가 앞으로 기어 나가려고 애쓸 수 있도록 유도하세요. 간혹 아기를 세워 서게 하려 하기도 하는데, 아기를 세우면 아기는 다리를 펴려고 힘을 주게 되고 이러한 움직임은 기기에 도움이 되지 않습니다.

이번 달 너는
이만큼 컸어
(발달 사항 기록)

행복해
(아기와 함께한
가장 기억에 남는 일)

미안해
(아기에게 미안한 일)

고마워
(아기에게 고마운 일)

생후 8개월
(7개월 16일~8개월 15일)

 이달의 육아 정보

• 아기의 발달을 돕는 육아법

이 시기 아기는 눈앞의 물체가 잠깐 가려져도 갑자기 없어지지 않는다는 '대상영속성' 개념을 획득하기 시작합니다. 커튼 뒤에서 숨었다가 갑자기 나타나 까꿍 놀이를 해보세요. 아기가 미소를 짓거나 웃는지 살펴보세요. 또는 아기가 지켜보는 가운데 좋아하는 장난감을 컵 안에 넣어보세요. 아기가 장난감이 컵 안에 숨겨져 있다는 것을 알고 컵을 살펴보려고 하는지 확인하세요.

• 우리 아기 맘마 : 소고기야채죽 & 아욱양파닭고기죽

아기가 야채죽과 소고기죽을 모두 잘 먹는다면, 소고기와 야채를 함께 넣어 이유식을 만들어보세요. 철분이 많은 소고기야채죽은 이 시기 아기의 성장에 큰 도움이 된답니다. 또한 큰 근육의 움직임이 많은 시기이므로 이유식 재료로 닭고기를 활용하는 것도 좋습니다. 닭고기는 소화가 잘되고 단백질이 풍부하여 근육 발달에 도움이 되지요. 숙변을 도와주고 칼슘 성분이 풍분한 아욱과 다양한 영양분이 들어 있는 양파를 더해 아욱양파닭고기죽을 만들면 아기의 성장에 큰 도움이 됩니다.

이번 달 너는
이만큼 컸어
(발달 사항 기록)

행복해
(아기와 함께한
가장 기억에 남는 일)

미안해
(아기에게 미안한 일)

고마워
(아기에게 고마운 일)

생후 9개월
(8개월 16일~9개월 15일)

 이달의 육아 정보

• 집에서 할 수 있는 발달 검사

"기는 자세 점검하기"

아기가 기어가는 주 형태로는 배를 땅에 대고 기어가는 '배밀이'와 배를 땅에서 떼어 네 발로 기는 '네 발 기기'가 있습니다. 배밀이나 네 발 기기가 가능한지 확인하세요.

〈네 발 기기〉

〈배밀이〉

• 아기의 발달을 돕는 육아법

엄마, 아빠라는 호칭의 의미와 우유, 기저귀 같은 간단한 사물의 이름을 이해하기 시작하는 때입니다. 아기가 자주 접하는 사람의 호칭이나 단어의 이름을 이야기해주세요.

• 우리 아기 맘마 : 미역소고기죽 & 애호박새송이버섯소고기죽

이유식으로 부족한 철분을 공급해주어야 이 시기 아기의 뇌 발달을 도와줄 수 있습니다. 철분이 풍부한 소고기와 푸른 야채를 이용하여 이유식을 만들어주세요. 미역소고기죽이나 애호박새송이버섯소고기죽도 좋습니다. 애호박은 소화를 돕고 새송이버섯은 비타민 B6, C가 풍부하기 때문입니다.

Date ________ . ______ . ______

**이번 달 너는
이만큼 컸어**
(발달 사항 기록)

행복해
(아기와 함께한
가장 기억에 남는 일)

미안해
(아기에게 미안한 일)

고마워
(아기에게 고마운 일)

생후 10개월
(9개월 16일~10개월 15일)

 **이달의 육아 정보**

• 집에서 할 수 있는 발달 검사

양손에 장난감을 쥐어준 다음, 손바닥을 마주쳐 소리를 낼 수 있는지 살펴보세요. 양손의 협응이 원활하게 이루어지고 있는지 확인할 수 있습니다.

• 아기의 발달을 돕는 육아법 : 균형 감각 발달

아기의 머리 방향이 바뀌는 놀이는 귀 안의 균형 감각 기관을 자극하여 아기의 감각 발달을 도와줍니다. 놀이터에서 아기를 안고 그네나 미끄럼틀을 타보세요. 집에서는 부모와 아기 모두 얇은 옷을 입은 채로 아기를 꼭 껴안고 음악에 맞춰 춤을 춰보세요. 아기 몸이 들썩거리면서 균형 감각 기관을 자극하고 부모를 신뢰하게 되는 애착 관계도 형성할 수 있습니다.

• 우리 아기 맘마 : 시금치흰살생선죽

움직임이 눈에 띄게 많아지는 시기이며 입술 주변 근육의 운동성이 좋아져 씹기가 가능해집니다. 이로 인해 이유식의 양이 늘어나지요. 발달을 위해 충분한 불포화지방산(주로 생선류)과 포화지방산(주로 고기류)의 공급이 필요합니다. 이를 위해 지방이 적고 필수아미노산이 풍부하며 소화가 잘되는 흰 살 생선과 비타민A, C, 철분, 칼슘이 풍부한 시금치를 이용한 시금치흰살생선죽을 만들어 먹여보세요.

이번 달 너는
이만큼 컸어
(발달 사항 기록)

행복해
(아기와 함께한
가장 기억에 남는 일)

미안해
(아기에게 미안한 일)

고마워
(아기에게 고마운 일)

생후 11개월
(10개월 16일~11개월 15일)

 이달의 육아 정보

· 아기의 발달을 돕는 육아법 : 앉기와 걷기

아기가 소파를 잡고 서 있을 때 장난감을 바닥에 내려놓아 아기 스스로 앉는 연습을 하도록 유도해보세요. 엉덩이와 무릎의 힘을 조절해서 앉는 요령을 터득할 수 있습니다. 생후 11개월에 빠른 속도로 기어 다니고 소파를 잡고는 잘 걷는데 손을 잡고 걷지 않으려고 한다면 억지로 걷는 연습을 시키지 마세요. 균형 감각이 아직 덜 발달한 경우에는 혼자 걷는 것은 생후 16개월까지 기다릴 수 있으니 조바심 낼 필요 없습니다.

· 초보 아빠를 위한 육아 Tip

아기에게 딱딱한 신발을 신긴 다음 양손이나 한 손을 잡고 걷기 연습을 함께해보세요. 걸을 때 아기 골반이 안정적이지 않다면 양손으로 아기 골반을 잡아주어도 좋습니다.

이번 달 너는
이만큼 컸어
(발달 사항 기록)

행복해
(아기와 함께한
가장 기억에 남는 일)

미안해
(아기에게 미안한 일)

고마워
(아기에게 고마운 일)

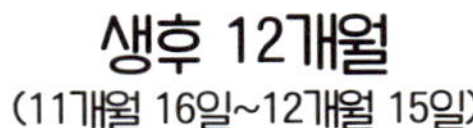

생후 12개월
(11개월 16일~12개월 15일)

 이달의 육아 정보

• 아기의 발달을 돕는 육아법

아빠가 아기를 데리고 책상다리를 하고 앉습니다. 1미터 앞에 엄마 역시 책상다리를 하고 앉아 말랑말랑한 공을 주고받는 놀이를 해보세요. 공을 던지는 동작을 익히면서 양손을 조정하는 능력이 발달하게 됩니다.

• 우리 아기 맘마 : 가자미파래진밥 & 연근북어진밥

아기가 이유식을 잘 먹고 있다면 진밥으로 넘어가보세요. 살이 연한 가자미와 비타민A, 셀레늄, 칼슘, 칼륨, 아연 등 풍부한 영양소를 함유한 파래를 이용한 '가자미파래진밥'을 추천합니다. 피를 맑게 해주고 소화에도 도움이 되는 '연근북어진밥'도 좋지요. 이유식을 잘 먹는 아기라 할지라도 생후 12개월에는 '철분 결핍성 빈혈 검사'를 해보는 것이 좋습니다. 뇌 발달에 필수적인 철분이 충분히 공급되지 않았다면 철분제를 처방받아 먹이는 방법도 있습니다.

Date __________ . ________ . _______

이번 달 너는
이만큼 컸어
(발달 사항 기록)

행복해
(아기와 함께한
가장 기억에 남는 일)

미안해
(아기에게 미안한 일)

고마워
(아기에게 고마운 일)

생후 13개월
(12개월 16일~13개월 15일)

 이달의 육아 정보

• 아기의 발달을 돕는 육아법

요구르트 병 같은 작은 빈 통에 아기가 좋아하는 간식이나 장난감을 넣어보세요. 아기가 손가락을 넣거나 흔들어서 병 속의 물건을 빼내려고 하는지 살펴보세요. 이 시기 아기는 엄지와 검지를 사용할 수 있고, 병을 흔들면 병 안의 물건이 나올 수 있다는 사실도 인지하는 시기입니다.

• 우리 아기 맘마 : 전복밥전 & 전복새우야채밥

전복은 고단백 식품으로 미네랄과 비타민이 풍부하여 아기 성장에 매우 좋습니다. 한창 성장하느라 피로해진 신경을 원활하게 회복시켜주고 시신경의 피로 및 아토피, 허약한 체질을 개선하는 데도 큰 도움이 되므로 전복을 이용한 이유식을 만들어 먹여보세요.

돌이 지난 이후에도 아기가 이유식이나 진밥을 잘 먹지 못하면 부모는 큰 스트레스를 받기도 합니다. 이런 아기는 입 주변 운동 기능이 떨어져 잘 씹지 못하는 경우가 많습니다. 만약 아기가 큰 근육의 움직임이나 손 조작이 느리다면 쉽게 넘길 수 있도록 좀더 묽게 만들어주세요. 턱 관절 발달을 위한 씹기는 나중에 도와주어도 됩니다. 일단 아기가 먹을 수 있는 형태로 주는 것이 가장 좋습니다.

Date ___________ . ___________ . _________

이번 달 너는
이만큼 컸어
(발달 사항 기록)

행복해
(아기와 함께한
가장 기억에 남는 일)

미안해
(아기에게 미안한 일)

고마워
(아기에게 고마운 일)

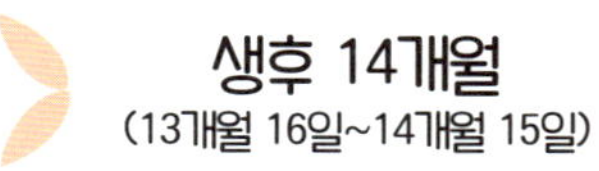

생후 14개월
(13개월 16일~14개월 15일)

이달의 육아 정보

• 아기의 발달을 돕는 육아법 : 언어 발달

단어의 의미를 이해하는 언어이해력이 발달하는 시기입니다. 아기가 좋아하는 간식이나 장난감의 이름을 매번 알려주세요. 자주 방문하는 친인척의 호칭을 말해주는 것도 좋습니다. 이 시기 아기가 아직 '엄마', '아빠'라고 말하지 못한다며 초조해하는 부모들도 있지요. 괜찮습니다. 말이 트이는 것은 입술 주변 근육이 발달해야 가능한 일입니다. "엄마"라고 말했을 때 엄마를 쳐다본다면 "엄마"라고 말하지 못해도 괜찮습니다.

• 아픈 아기 맘마 : 변비

생후 12개월이 지나면 밥과 다양한 반찬을 먹으면서 변비로 고생하는 아기들이 많습니다. 양배추에는 항산화 성분과 식이섬유가 풍부하게 들어 있어 면역력을 높이고 변비 해소에도 좋습니다. 미역의 알긴산 성분은 장 운동을 촉진하고 변을 부드럽게 만들어줍니다.

• 초보 아빠를 위한 육아 Tip

아기에게 크레파스를 쥐어주고 아빠가 아기 손을 잡고 종이에 낙서하듯 움직여주세요. 크레파스가 움직이는대로 색과 모양이 그려진다는 것을 알게 되면 스스로 크레파스를 쥐고 낙서를 해보려고 합니다.

Date ________ . ______ . _____

**이번 달 너는
이만큼 컸어**
(발달 사항 기록)

행복해
(아기와 함께한
가장 기억에 남는 일)

미안해
(아기에게 미안한 일)

고마워
(아기에게 고마운 일)

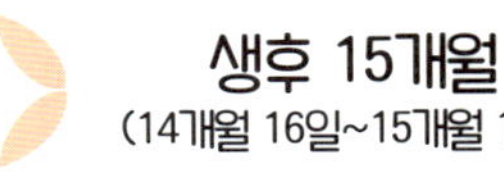

생후 15개월
(14개월 16일~15개월 15일)

이달의 육아 정보

• 아기의 발달을 돕는 육아법 : 언어 발달

단어의 의미를 이해하는 언어이해
력이 좀더 빠르게 발달하는 시기입
니다. 그러므로 세부적인 단어들을
가르쳐주세요. 가령 눈, 코, 입 이외
에도 배꼽, 엉덩이 등 다양한 신체
부위의 이름을 알려주세요.

• 아픈 아기 맘마 : 열

열이 나면 식욕이 떨어져서 밥 먹는 것을 거부하는 경우가 많습니다. 이
때는 달콤한 맛이 나며 소화도 잘되는 밤이나 호박을 넣어 먹거리를 만
들어보세요. 수분 공급을 위해 미음 형태로 만들어 먹여도 좋습니다.

• 부모도 아기도 행복한 육아

아기의 체중은 늘고 활동 범위 역시 증가하여 부모의 몸이 지치기 쉬운
시기입니다. 양육자가 지치면 우울감이 더 크게 느껴지기도 하지요. 감
정 조절이 힘들어져 아기에게 자꾸 화를 내게 됩니다. 이럴 때는 먼저 그
이유를 찾아보세요. 몸이 힘들어서 우울한 것인지, 육아가 체질에 맞지
않아 외로운 것인지, 아니면 부모가 성장 과정 중에 힘든 환경으로부터
받은 상처가 아기를 키우며 다시 자신을 괴롭히는 것인지 분석해보세요.

이번 달 너는 이만큼 컸어
(발달 사항 기록)

행복해
(아기와 함께한 가장 기억에 남는 일)

미안해
(아기에게 미안한 일)

고마워
(아기에게 고마운 일)

이달의 육아 정보

• 아기의 발달을 돕는 육아법 : 언어 발달

아기가 해야 하는 동작들에 맞추어 동사를 말해주세요. '앉으세요', '나가세요', '신으세요', '벗으세요' 등 아기의 행동에 맞는 단어를 말해주는 것이 중요합니다. 유아기 언어 발달은 말하는 능력보다 이해하는 능력에 초점을 맞추어야 합니다.

• 아픈 아기 맘마 : 설사

이 시기 아기들이 쉽게 겪는 병 중에 하나가 설사입니다. 장이 건강하지 못한 경우 새로운 음식을 접하면서 일시적으로 설사를 하거나 바이러스 감염에 의한 장염으로 설사를 할 수도 있습니다. 의사의 처방과 함께 소화가 잘되는 연두부나 흰 살 생선을 이용하여 아기 밥을 만들어보세요.

• 초보 아빠를 위한 육아 Tip

아기와 저금통에 동전 넣는 놀이를 해보세요. 동전을 넣는 동작은 눈과 손의 협응 능력이 발달하도록 도와줍니다. 아기의 손 조작이 미숙하다면 구멍이 큰 저금통을 준비하고, 손 조작이 민첩한 편이라면 작은 구멍의 저금통을 이용하세요.

Date __________ . _______ . ______

이번 달 너는
이만큼 컸어
(발달 사항 기록)

행복해
(아기와 함께한
가장 기억에 남는 일)

미안해
(아기에게 미안한 일)

고마워
(아기에게 고마운 일)

생후 17개월
(16개월 16일~17개월 15일)

 ## 이달의 육아 정보

• 아기의 발달을 돕는 육아법 : 언어 발달

소유격을 이해하는 시기입니다. "엄마 코 어디 있어?"라고 물으면 엄마 코를, "아빠 코는 어디 있을까?"라고 물으면 아빠 코를 쳐다보거나 가리키는지 확인하세요. 만일 이해하지 못한다면 엄마 코를 가리키며 "엄마 코", 아빠 코를 가리키며 "아빠 코"라고 말해주세요.

• 아픈 아기 맘마 : 빈혈

철분 결핍성 빈혈이 있는 아기는 뇌 발달이 원활하지 않아 집중력이 떨어지기 쉽습니다. 이 때문에 잘 놀지 못하고 짜증을 심하게 부리기도 하지요. 검사 결과 아기에게 빈혈이 있다면 철분제와 함께 소고기, 돼지고기, 녹황색 채소, 콩, 계란 노른자, 대합조개, 굴, 깨와 같이 철분이 많이 들어 있는 재료를 이용하여 밥을 먹이는 것이 좋습니다.

• 초보 아빠를 위한 육아 Tip

혼자서 잘 걷는다면 낮은 계단 오르기를 함께 해보세요. 계단을 오르면 하체 근력이 향상되고 균형 감각 역시 발달합니다. 아기 스스로 난간을 잡고 오를 수 있도록 지켜봐주세요. 손을 잡아주면 낮은 계단을 오를 수는 있지만 내려오기는 아직 힘들 수도 있습니다.

이번 달 너는
이만큼 컸어
(발달 사항 기록)

행복해
(아기와 함께한
가장 기억에 남는 일)

미안해
(아기에게 미안한 일)

고마워
(아기에게 고마운 일)

생후 18개월
(17개월 16일~18개월 15일)

 이달의 육아 정보

• 아기의 발달을 돕는 육아법

온몸의 움직임을 익히며 발달하는 시기입니다. 율동을 하는 애니메이션을 틀어놓은 뒤 같이 율동을 따라 해보세요. 공을 차는 놀이도 아기의 균형 감각 발달에 매우 좋습니다. 먼저 부모가 공을 차는 모습을 보여주세요. 공을 차는 것 이외에도 한 발 들고 서 있기나 트램펄린에서 점프하는 놀이를 함께해도 좋습니다.

• 아픈 아기 맘마 : 감기

아기가 가래 끓는 기침을 한다면 무를 끓인 물을 먹여보세요. 또한 늙은 호박이나 배에 면역력을 키워주는 좋은 버섯, 소고기, 닭고기 등을 첨가하여 부드럽게 넘어가는 죽을 먹이는 것도 좋습니다.

Date ___________ . _________ . _______

이번 달 너는
이만큼 컸어
(발달 사항 기록)

행복해
(아기와 함께한
가장 기억에 남는 일)

미안해
(아기에게 미안한 일)

고마워
(아기에게 고마운 일)

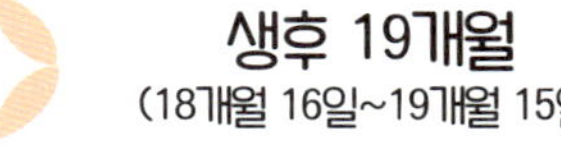

생후 19개월
(18개월 16일~19개월 15일)

생후 19개월~24개월의 오감 발달

• 오감 발달 특징

이 시기는 자신의 몸을 마음대로 움직일 수 있는 시기입니다. 따라서 주변의 새로운 사물을 눈으로 보고 손으로 만지고 냄새를 맡으면서 적극적으로 탐구할 수 있는 시기입니다.

• 오감 발달을 돕는 육아법

아기가 싫어하는 피부 자극이나 냄새 자극에 천천히 적응시키기 위해서는 요리를 함께하는 것이 도움이 됩니다. 가령 밀가루 반죽을 같이 해보거나 잔털이 있는 식재료를 부모와 같이 만지면서 요리한 후 먹어보게 해주세요.

• 초보 아빠를 위한 육아 Tip

아기와 같이 욕조에 들어가 목욕을 해보세요. 아기는 물과 아빠의 살이 주는 피부 자극을 즐기게 되고 아빠와의 애착 관계도 빠른 속도로 좋아집니다. 서로 비누칠을 해주며 아기가 아빠의 머리에 샴푸질을 하는 등 목욕 놀이를 해보세요. 아빠의 면도 크림을 이용하여 거품을 낸 후 그것을 거울에 바르고 손으로 문지르며 노는 놀이도 좋습니다.

이번 달 너는
이만큼 컸어
(발달 사항 기록)

행복해
(아기와 함께한
가장 기억에 남는 일)

미안해
(아기에게 미안한 일)

고마워
(아기에게 고마운 일)

생후 20개월
(19개월 16일~20개월 15일)

생후 19개월~24개월의 운동 발달

• 운동 발달 특징

이 시기는 대부분의 아기들이 혼자서 걷거나 뛰기 시작하는 시기입니다. 스스로 자신이 원하는 환경을 탐구하려고 하는 시기이므로 넓은 곳에서 많이 걷고 뛸 수 있는 기회를 만들어주어야 합니다. 특히 큰 근육의 움직임이 필요한 신체 놀이를 통해 민첩성, 순발력 등을 높일 수 있으므로 몸을 움직일 수 있는 기회를 최대한 많이 제공하는 것이 아기의 뇌 발달에도 도움이 됩니다.

• 운동 발달을 돕는 육아법

걷기 시작하면 균형 감각을 익힐 수 있는 활동들을 함께해보세요. 한 발을 들고 서 있다거나 공을 함께 차거나, 아이의 손을 잡고 계단을 오르내리는 등의 신체 활동을 추천합니다. 아이의 균형 감각을 키우기 위해서는 머리의 방향이 바뀌는 놀이가 필요
합니다. 놀이터에서 미끄럼틀이나 회전하는 놀이 기구, 시소를 같이 타보세요. 아이가 무서워한다면 절대 억지로 시키지 말고, 부모가 아이를 안고 함께하면 신뢰감도 다질 수 있습니다.

**이번 달 너는
이만큼 컸어**
(발달 사항 기록)

행복해
(아기와 함께한
가장 기억에 남는 일)

미안해
(아기에게 미안한 일)

고마워
(아기에게 고마운 일)

생후 21개월
(20개월 16일~21개월 15일)

생후 19개월~24개월의 언어 발달

• 언어 발달 특징

이 시기는 언어이해력이 급속히 향상되는 시기입니다. 언어이해력의 수준은 아이들마다 차이가 큽니다. 심부름 수준의 간단한 문장을 이해할 수도 있고 부모가 일상에서 하는 대부분의 말을 다 이해할 수도 있지요. 말을 이해하는 속도가 빨라지므로 일상생활에서 짧은 문장으로 된 말을 많이 접하게 하는 것이 가장 중요합니다. 이때 언어이해력이 빨리 발달한 아이에게는 천천히 문장으로 말을 해주어도 좋습니다. 그러나 언어이해력 발달이 늦는 아이에게는 긴 문장의 동화책을 읽어주어도 아이가 내용을 이해하지 못해 집중하지 못합니다. 이런 경우 무턱대고 동화책을 읽어주기보다 한 마디 말과 적극적인 몸짓으로 말의 의미를 이해할 수 있도록 도와주세요.

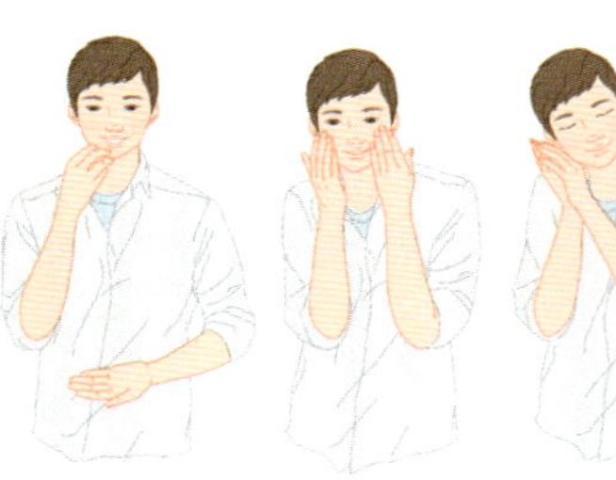

• 언어 발달을 돕는 육아법

1. 자동차 바퀴, 문 손잡이, 컵 손잡이, 운동화 끈, 사과 껍질 등 아이가 자주 접하는 물건의 명칭을 세밀한 부분까지 함께 알려주세요.
2. '똑같다, 크다, 작다, 많다, 적다, 길다, 짧다' 등 상태를 알려주는 말을 실제 물건을 가지고 알려주세요. "저 자동차보다 이 자동차가 더 크다"처럼 실제 사물을 놓고 말을 해주는 것이 가장 좋습니다.

이번 달 너는
이만큼 컸어
(발달 사항 기록)

행복해
(아기와 함께한
가장 기억에 남는 일)

미안해
(아기에게 미안한 일)

고마워
(아기에게 고마운 일)

생후 22개월
(21개월 16일~22개월 15일)

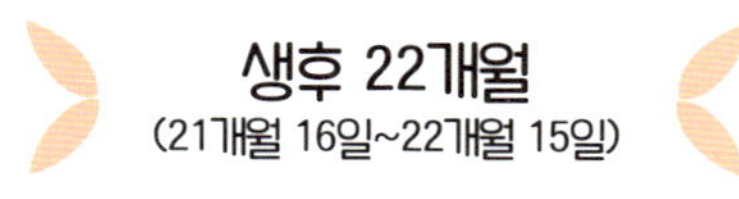 생후 19개월~24개월의 감정 조절 능력 발달 1

• 감정 조절 능력 발달 특징

이 시기 아기는 몸을 스스로 움직이게 되면서 자기주장이 강해집니다. 혼자서 잘 걷고 뛰게 되면서 자기가 원하는 것이 생기면 주변을 의식하지 않고 자유로이 행동할 수 있지요. 부모가 행동을 제지했을 경우 보이는 성향으로는 크게 두 가지가 있습니다. 아이는 못 들은 척하거나 딴짓을 하면서 그 상황을 피하려는 성향을 보이거나, 울거나 화를 내면서 부모의 행동을 거부하는 성향을 보입니다.

• 집에서 할 수 있는 행동 평가

아기의 성향을 파악하는 것 역시 육아에서 중요한 일입니다. 아기가 어떤 상황에서 스트레스를 받고 그 스트레스를 어떻게 표현하는지 관찰해서 적어보세요.

아이가 스트레스를 받는 상황	아이의 행동 특성(스트레스 표현 방식)

이번 달 너는
이만큼 컸어
(발달 사항 기록)

행복해
(아기와 함께한
가장 기억에 남는 일)

미안해
(아기에게 미안한 일)

고마워
(아기에게 고마운 일)

생후 23개월
(22개월 16일~23개월 15일)

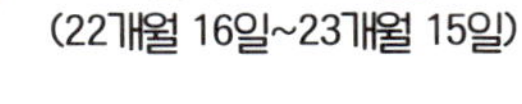 생후 19개월~24개월의 감정 조절 능력 발달 2

• 감정 조절 능력 발달을 돕는 육아법

아기가 물건을 던지거나 자신의 머리를 바닥에 박는 등 공격적인 매너로 스트레스를 표현하는 경우 부모는 당황하기 쉽습니다. 이럴 때 아기에게 화를 내지 말고 잠시 다른 곳으로 이동해보세요. 부모의 관심이 아이의 공격적인 행동을 더 자극할 수 있기 때문입니다. 공공장소에서 떼를 부린다면 아기를 안고 밖으로 나오시면 됩니다. 아이를 안고 밖으로 나오는 행동 자체가 아기에게는 체벌로 여겨지므로 밖에서 크게 야단치지 않아도 좋습니다.

아기가 과격한 방법으로 스트레스를 표현하거나 도망가는 경우 아기의 버릇을 고쳐야 커서도 나빠지지 않을 것이라고 생각하고 크게 혼을 내기도 합니다. 그러나 19~24개월의 아기는 혼내는 부모의 입장을 이해하지 못하므로 부모가 바라는 것처럼 자신의 행동을 반성하기는 어렵습니다. 아기가 부모의 말을 피해서 도망간다면 크게 야단치기보다는 도망가는 아이를 안고 아이의 행동을 규제하는 것이 좋습니다.

**이번 달 너는
이만큼 컸어**
(발달 사항 기록)

행복해
(아기와 함께한
가장 기억에 남는 일)

미안해
(아기에게 미안한 일)

고마워
(아기에게 고마운 일)

생후 24개월
(23개월 16일~24개월 15일)

 생후 19개월~24개월의 사회성 발달

• 사회성 발달 특징

낯선 곳에 갔을 때 새로운 장난감이나 주변 물건에 관심을 보이는지, 낯선 사람에게 먼저 관심을 보이는지 관찰해보세요. 타인에게 관심을 보인다 해도 의심이 많은 기질의 아기는 쉽게 다가가지 못하고 오래 관찰하는 모습을 보입니다. 사람에 대한 친밀도가 높은 아기의 경우 타인에게 먼저 다가가서 만지거나 말을 거는 태도를 보이기도 합니다.

• 사회성 발달을 돕는 육아법

사람을 좋아하고 사회성이 발달했다고 해서 상대방을 배려하는 행동까지 하기에는 아직 이른 시기입니다. 자기중심적으로 타인을 대하기보다 상대방이 좋을 때 하는 행동과 싫을 때 하는 행동을 옆에서 알려주는 것이 좋습니다. 고개를 돌리거나 다른 곳으로 가는 등 타인이 싫다는 신호를 보이는 경우에는 가까이 가지 않는 것이라고 알려주세요. 친해지기 위해서는 그 사람이 좋아하는 행동을 해야 한다는 것을 알려주기 위해 친구와 간식을 같이 나누어 먹는 놀이를 해도 좋습니다.

Date ________ . ______ . _____

**이번 달 너는
이만큼 컸어**
(발달 사항 기록)

행복해
(아기와 함께한
가장 기억에 남는 일)

미안해
(아기에게 미안한 일)

고마워
(아기에게 고마운 일)

우리 아기와
함께한 날들

SUNDAY	MONDAY	TUESDAY

___ 년
___ 월
우리 아기
___ 개월

MEMO

WEDNESDAY	THURSDAY	FRIDAY	SATURDAY

년
월
우리 아기
개월

MEMO

SUNDAY	MONDAY	TUESDAY

WEDNESDAY	THURSDAY	FRIDAY	SATURDAY

<table>
<tr><td rowspan="2">

_______ 년
_______ 월
우리 아기
_______ 개월

MEMO

</td><td>SUNDAY</td><td>MONDAY</td><td>TUESDAY</td></tr>
</table>

SUNDAY	MONDAY	TUESDAY

WEDNESDAY	THURSDAY	FRIDAY	SATURDAY

MEMO

SUNDAY	MONDAY	TUESDAY

WEDNESDAY	THURSDAY	FRIDAY	SATURDAY

SUNDAY	MONDAY	TUESDAY

WEDNESDAY	THURSDAY	FRIDAY	SATURDAY

SUNDAY	MONDAY	TUESDAY

WEDNESDAY	THURSDAY	FRIDAY	SATURDAY

년
월
우리 아기
개월

MEMO

SUNDAY	MONDAY	TUESDAY

WEDNESDAY	THURSDAY	FRIDAY	SATURDAY

SUNDAY	MONDAY	TUESDAY

SUNDAY	MONDAY	TUESDAY

WEDNESDAY
THURSDAY
FRIDAY
SATURDAY

SUNDAY	MONDAY	TUESDAY

WEDNESDAY	THURSDAY	FRIDAY	SATURDAY

SUNDAY	MONDAY	TUESDAY

WEDNESDAY	THURSDAY	FRIDAY	SATURDAY

SUNDAY	MONDAY	TUESDAY

WEDNESDAY	THURSDAY	FRIDAY	SATURDAY

_______ 년
_______ 월
우리 아기
_______ 개월

MEMO

SUNDAY	MONDAY	TUESDAY

WEDNESDAY	THURSDAY	FRIDAY	SATURDAY

<table>
<tr><th>SUNDAY</th><th>MONDAY</th><th>TUESDAY</th></tr>
</table>

년
월
우리 아기
개월

MEMO

WEDNESDAY	THURSDAY	FRIDAY	SATURDAY

년
월
우리 아기
개월
MEMO
SUNDAY
MONDAY
TUESDAY

WEDNESDAY	THURSDAY	FRIDAY	SATURDAY

년
월
우리 아기
개월

MEMO

SUNDAY	MONDAY	TUESDAY

WEDNESDAY	THURSDAY	FRIDAY	SATURDAY

<table>
<tr><th>SUNDAY</th><th>MONDAY</th><th>TUESDAY</th></tr>
</table>

년
월
우리 아기
개월

MEMO

WEDNESDAY	THURSDAY	FRIDAY	SATURDAY

SUNDAY	MONDAY	TUESDAY

<table>
<tr><th>WEDNESDAY</th><th>THURSDAY</th><th>FRIDAY</th><th>SATURDAY</th></tr>
</table>

SUNDAY	MONDAY	TUESDAY

MEMO

WEDNESDAY	THURSDAY	FRIDAY	SATURDAY

SUNDAY	MONDAY	TUESDAY

WEDNESDAY
THURSDAY
FRIDAY
SATURDAY

SUNDAY	MONDAY	TUESDAY

WEDNESDAY	THURSDAY	FRIDAY	SATURDAY

SUNDAY	MONDAY	TUESDAY

WEDNESDAY	THURSDAY	FRIDAY	SATURDAY

SUNDAY	MONDAY	TUESDAY

년
월
우리 아기
개월

MEMO

WEDNESDAY	THURSDAY	FRIDAY	SATURDAY

SUNDAY	MONDAY	TUESDAY

WEDNESDAY	THURSDAY	FRIDAY	SATURDAY

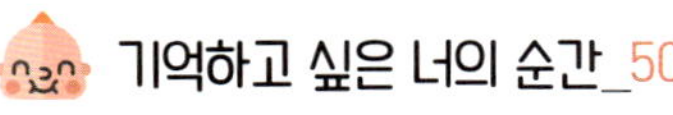

Date ___________ . __________ . __________

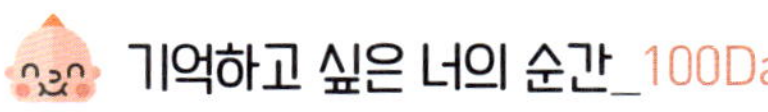 기억하고 싶은 너의 순간_100Days

Date __________ . ________ . ________

135

Date ___________ . ___________ . ___________

____

____

____

____

____

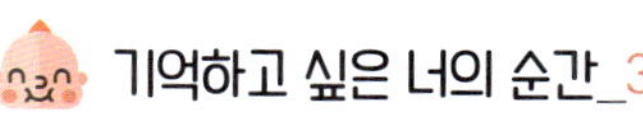

기억하고 싶은 너의 순간_300Days

Date ___________ . __________ . __________

Date __________ . __________ . __________

기억하고 싶은 너의 순간_두 번째 생일

Date _____________ . _____________ . _____________

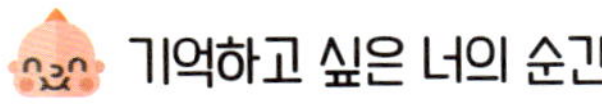 기억하고 싶은 너의 순간

Date __________ . __________ . __________

Date ___________ . _________ . __________

병원 갈 때
꼭 챙기세요

예방접종 방문 예정 일정

연령(만 나이)	접종명	예정일
출생~퇴원 전 (3~4주 이내)	결핵(BCG, 피내/경피 선택)	
	B형간염(HepB) 1차	
1개월	B형간염(HepB) 2차	
2개월	디프테리아, 파상풍, 백일해(DTap) 1차	
	폴리오(IPV) 1차	
	b형헤모필루스인플루엔자(Hib) 1차	
	폐렴구균(PCV) 1차	
	(선택) 로타바이러스(RV) 1차	
4개월	디프테리아, 파상풍, 백일해(DTaP) 2차	
	폴리오(IPV) 2차	
	b형헤모필루스인플루엔자(Hib) 2차	
	폐렴구균(PCV) 2차	
	(선택) 로타바이러스(RV) 2차	
4~6개월	영유아 건강 검진 1차	
6개월	B형간염(HepB) 3차	
	디프테리아, 파상풍, 백일해(DTaP) 3차	
	폴리오(IPV) 3차	
	b형헤모필루스인플루엔자(Hib) 3차	
	폐렴구균(PCV) 3차	
	(선택) 로타바이러스(RV) 3차	
6개월 이후	독감(매년 가을 ~ 겨울 접종)	
9~12개월	영유아 건강 검진 2차	
12~15개월	b형헤모필루스인플루엔자(Hib) 4차	
	폐렴구균(PCV) 4차	
	홍역, 유행성이하선염(볼거리), 풍진(MMR) 1차	
	수두(Var) 1회	

12~35개월	일본뇌염 사백신 1차	
	일본뇌염 사백신 2차(1차 접종 7~30일 후)	
	일본뇌염 생백신 1차(사백신 접종 안 하는 경우)	
	A형간염(HepA) 1차	
	일본뇌염 사백신 3차 또는 생백신 2차 (생백신은 2차 접종 실시 12개월 후 3차 접종, 생백신은 1차 접종 실시 12개월 후 2차 접종)	
18~35개월	A형간염(HepA) 2차	
15~18개월	디프테리아, 파상풍, 백일해(DTaP) 4차	
18~24개월	영유아 건강 검진 3차 구강 검진 1차 (18~29개월)	
30~36개월	영유아 건강 검진 4차	
42~48개월	영유아 건강 검진 5차 구강 검진 2차 (42~53개월)	
4~6세	디프테리아, 파상풍, 백일해(DTaP) 5차	
	폴리오(IPV) 4차	
	홍역, 유행성이하선염(볼거리), 풍진(MMR) 2차	
54~60개월	영유아 건강 검진 6차 구강 검진 3차(54~65개월)	
66~71개월	영유아 건강 검진 7차	
6세	일본뇌염 사백신 4차	
11~12세	디프테리아, 파상풍, 백일해(TD/Tdap) 6차	
12세	사람유두종바이러스(HpV) 1차	
	사람유두종바이러스(HpV) 2차	
	일본뇌염 사백신 5차	

 # 우리 아기 예방접종 기록

	종류	접종 백신	1차	2차
국가예방접종 - 무료접종	결핵(BCG)			
	B형간염(HepB)			
	디프테리아, 파상풍, 백일해(DTaP)			
	폴리오(IPV)			
	b형 헤모필루스 인플루엔자(Hib)			
	폐렴구균(PCV)			
	홍역, 유행성이하선염 (볼거리), 풍진(MMR)			
	수두(Var)			
	A형간염(HepA)			
	일본뇌염(JE)			
	사람유두종바이러스 (HPV)			
	인플루엔자(Flu)			
기타	로타바이러스(RV)			

3차	4차	5차	6차	특이 사항
			(Td/Tdap)	

# 우리 아기 성장(신체 발육) 기록

측정일	나이 (_개월_일)	머리둘레		체중		신장	
		cm	%ile	kg	%ile	cm	%ile
예) 2017.09.15 (남아 기준)	3개월 5일	40cm	50%ile	6.5kg	50%ile	60.5cm	50%ile

측정일	나이 (_개월_일)	머리둘레		체중		신장	
		cm	%ile	kg	%ile	cm	%ile

생후 0~24개월 표준 성장 도표

백분위수(남아)								백분위수(여아)						
3	10	25	50	75	90	97		3	10	25	50	75	90	97
32.1	32.9	33.7	34.7	35.7	36.7	37.8	**출생시** 머리둘레(cm)	31.4	32.2	33.0	34.1	35.1	36.1	37.1
2.60	2.80	3.10	3.40	3.80	4.20	4.60	체중(kg)	2.50	2.70	3.00	3.30	3.70	4.00	4.50
44.7	46.4	48.2	50.1	52.1	53.9	55.6	신장(cm)	44.5	46.1	47.6	49.4	51.1	52.8	54.4
35.5	36.40	37.3	38.3	39.3	40.3	41.3	**1~2개월** 머리둘레(cm)	34.8	35.6	36.5	37.5	38.6	39.6	40.6
4.50	4.80	5.20	5.70	6.20	6.60	7.10	체중(kg)	4.20	4.60	4.90	5.40	5.80	6.20	6.70
52.8	54.4	56.0	57.7	59.4	61.0	62.5	신장(cm)	51.9	53.4	54.9	56.7	58.3	59.9	61.3
37.0	37.9	38.8	39.9	40.9	41.8	42.8	**2~3개월** 머리둘레(cm)	36.3	37.1	38.0	39.0	40.1	41.1	42.1
5.10	5.50	5.90	6.50	7.00	7.50	8.00	체중(kg)	4.80	5.20	5.60	6.10	6.60	7.00	7.50
56.1	57.6	59.2	60.9	62.6	64.1	65.6	신장(cm)	54.9	56.5	58.0	59.8	61.5	63.0	64.5
38.2	39.1	40.0	41.1	42.1	43.0	43.9	**3~4개월** 머리둘레(cm)	37.4	38.3	39.2	40.2	41.2	42.2	43.2
5.60	6.00	6.50	7.00	7.60	8.10	8.70	체중(kg)	5.20	5.70	6.10	6.60	7.20	7.60	8.10
58.6	60.2	61.8	63.5	65.2	66.7	68.2	신장(cm)	57.4	59.0	60.5	62.3	64.0	65.5	67.0
39.1	40.1	41.0	42.0	43.0	44.0	44.9	**4~5개월** 머리둘레(cm)	38.4	39.2	40.1	41.1	42.2	43.2	44.2
6.00	6.50	7.00	7.50	8.10	8.70	9.30	체중(kg)	5.60	6.10	6.60	7.10	7.70	8.20	8.70
60.8	62.3	63.9	65.7	67.4	68.9	70.4	신장(cm)	59.4	61.0	62.7	64.4	66.2	67.7	69.3
39.9	40.9	41.8	42.8	43.9	44.8	45.7	**5~6개월** 머리둘레(cm)	39.1	40.0	40.9	41.9	43.0	43.9	45.0
6.40	6.90	7.40	8.00	8.60	9.20	9.80	체중(kg)	6.00	6.40	6.90	7.50	8.10	8.60	9.20
62.6	64.2	65.8	67.6	69.3	70.9	72.4	신장(cm)	61.3	62.9	64.5	66.3	68.1	69.7	71.2
40.6	41.5	42.5	43.5	44.5	45.4	46.3	**6~7개월** 머리둘레(cm)	39.8	40.7	41.6	42.6	43.6	44.6	45.6
6.70	7.20	7.70	8.40	9.00	9.60	10.20	체중(kg)	6.30	6.80	7.30	7.90	8.50	9.10	9.60
64.2	65.9	67.5	69.3	71.0	72.6	74.2	신장(cm)	62.9	64.5	66.2	68.0	69.8	71.5	73.1
41.2	42.1	43.1	44.1	45.1	46.0	46.9	**7~8개월** 머리둘레(cm)	40.4	41.2	42.1	43.2	44.2	45.2	46.2
7.00	7.50	8.10	8.70	9.40	10.00	10.70	체중(kg)	6.50	7.10	7.60	8.20	8.90	9.40	10.00
65.7	67.3	69.0	70.8	72.6	74.3	75.9	신장(cm)	64.4	66.0	67.7	69.6	71.4	73.1	74.7

※ 1~2개월은 1개월부터 2개월 미만에 해당하며, 다른 연령도 동일합니다.
※ 2007년 소아 청소년 표준 성장 도표 (대한소아과학회) 기준입니다.
  (2017년 12월에 업데이트된 표준 성장 도표가 발표될 예정입니다.)

백분위수(남아)								백분위수(여아)						
3	10	25	50	75	90	97		3	10	25	50	75	90	97
41.7	42.6	43.6	44.6	45.7	46.5	47.4	8~9개월 머리둘레(cm)	40.9	41.8	42.6	43.7	44.7	45.7	46.7
7.3	7.8	8.4	9.0	9.7	10.4	11.1	체중(kg)	6.8	7.3	7.9	8.5	9.2	9.8	10.4
67.0	68.7	70.4	72.3	74.1	75.8	77.4	신장(cm)	65.7	67.4	69.1	71.0	72.9	74.6	76.3
42.1	43.1	44.1	45.1	46.1	47.0	47.9	9~10개월 머리둘레(cm)	41.4	42.2	43.1	44.1	45.2	46.2	47.2
7.5	8.1	8.7	9.3	10.1	10.7	11.4	체중(kg)	7.0	7.6	8.2	8.8	9.5	10.1	10.8
68.3	70.0	71.7	73.6	75.5	77.2	78.9	신장(cm)	67.0	68.7	70.4	72.3	74.3	76.0	77.7
42.5	43.5	44.5	45.5	46.5	47.4	48.3	10~11개월 머리둘레(cm)	41.8	42.6	43.5	44.5	45.6	46.6	47.6
7.80	8.30	8.90	9.60	10.4	11.1	11.8	체중(kg)	7.30	7.80	8.40	9.10	9.80	10.5	11.1
69.4	71.2	72.9	74.9	76.8	78.5	80.2	신장(cm)	68.2	69.9	71.6	73.6	75.5	77.3	79.1
42.9	43.9	44.8	45.9	46.9	47.8	48.7	11~12개월 머리둘레(cm)	42.1	43.0	43.9	44.9	46.0	46.9	47.9
8.00	8.60	9.20	9.90	10.7	11.4	12.1	체중(kg)	7.50	8.10	8.70	9.40	10.1	10.8	11.5
70.5	72.3	74.1	76.0	78.0	79.8	81.5	신장(cm)	69.3	71.0	72.8	74.8	76.8	78.6	80.4
43.6	44.5	45.5	46.5	47.5	48.4	49.3	12~15개월 머리둘레(cm)	42.8	43.6	44.5	45.5	46.6	47.6	48.6
8.40	9.00	9.70	10.4	11.2	12.0	12.8	체중(kg)	7.90	8.50	9.10	9.80	10.6	11.4	12.1
72.5	74.3	76.2	78.2	80.3	82.1	84.0	신장(cm)	71.3	73.1	74.9	77.0	79.0	80.9	82.8
44.4	45.3	46.3	47.3	48.3	49.2	50.1	15~18개월 머리둘레(cm)	43.6	44.4	45.3	46.3	47.4	48.3	49.3
9.00	9.60	10.3	11.1	12.0	12.8	13.6	체중(kg)	8.50	9.10	9.70	10.5	11.4	12.2	13.0
75.1	77.0	79.0	81.2	83.3	85.3	87.3	신장(cm)	74.1	75.9	77.8	79.9	82.1	84.1	86.1
45.0	46.0	46.9	47.9	49.0	49.8	50.7	18~21개월 머리둘레(cm)	44.2	45.1	45.9	47.0	48.0	49.0	49.9
9.50	10.2	10.9	11.7	12.7	13.5	14.5	체중(kg)	9.00	9.60	10.3	11.1	12.0	12.9	13.8
77.4	79.4	81.5	83.8	86.1	88.2	90.3	신장(cm)	76.6	78.4	80.3	82.6	84.8	87.0	89.1
45.5	46.5	47.4	48.5	49.5	50.4	51.2	21~24개월 머리둘레(cm)	44.8	45.6	46.5	47.5	48.5	49.5	50.5
10.0	10.7	11.4	12.3	13.3	14.2	15.2	체중(kg)	9.50	10.1	10.8	11.7	12.7	13.6	14.6
79.4	81.6	83.7	86.2	88.6	90.8	93.1	신장(cm)	78.8	80.7	82.7	85.0	87.4	89.6	91.9

엮은이 김수연

연세대학교 간호대학을 졸업하고, 같은 대학 대학원에서 석사와 박사 학위를 받았습니다. 이스라엘 히브리대학 박사과정에서 영유아 발달 심리학과 발달 신경학을 공부하고, 이스라엘 보건복지부 산하 아동발달연구소에서 근무하며 이스라엘 아기들의 예방접종과 성장, 발달을 확인하는 모자보건센터의 슈퍼바이저 역할을 담당했습니다. 현재 '김수연 아기발달연구소'를 운영하고 있으며 저서로는 『0~5세 말걸기 육아의 힘』, 『김수연의 아기 발달 백과』 등이 있습니다.

친절한 아기 수첩

초판 1쇄 발행 2017년 7월 31일 **초판 2쇄 발행** 2022년 10월 25일

엮은이 김수연
펴낸이 이승현

출판1 본부장 한수미
라이프 팀장 최유연

펴낸곳 ㈜위즈덤하우스 **출판등록** 2000년 5월 23일 제13-1071호
주소 서울특별시 마포구 양화로 19 합정오피스빌딩 17층
전화 02) 2179-5600 **홈페이지** www.wisdomhouse.co.kr

ISBN 979-11-86117-83-5 13590